垃圾分类超人

小红对战大魔王

胡晓霞 编　刘宝恒 绘

有害垃圾

浙江摄影出版社

全国百佳图书出版单位

小红是一只专门回收有害垃圾的红色垃圾桶。

有害垃圾

别看她说话温温柔柔的，一旦遇到了有害垃圾呀，立马就变身啦。你瞧——

有害垃圾

"嘀嘀嘟——"小红嘴里发出了警报，"前方出现可疑家伙！前方出现可疑家伙！"

有害垃圾

4

"小红列兵，请立即开启扫描模式！"小红假装司令给自己下命令，"迅速察看敌情。"

"是！"小红拿出望远镜一瞧，"一级警报！
一级警报！是大魔王充电电池！"

"报告司令！大魔王充电电池可是个顶坏的家伙呢！他身体里含有的汞会对环境造成巨大危害。"

"收到！"小红又假装司令命令道，
"立刻实施抓捕计划！"

8

"已进入战区，准备攻击！"

小红说完就打开自己的盖子，只见她一个后空翻——"啊呜"一口，两节充电电池就被小红吞进了肚子里。

有害垃圾抓捕计划顺利完成，这下，小红终于可以安安静静地享受一下阳光和微风了。

有害垃圾

然而，像充电电池这样的
大魔王可不少……
　　"哒哒哒——"一个可怕
的家伙走了过来！

有害垃圾

"你是谁？"小红说着正准备变身，一阵银铃般的笑声就响了起来。

"嘻嘻，别急呀，"水银温度计从阴影里走出来，笑着对小红说，"小红，我们很有可能是亲戚呀！你看看，你的红色跟我的红色不是一样的吗？"

"不对！"小红皱紧了眉头，"水银温度计里面的水银是汞，汞是有毒液体，危害性十分大！在密闭空间打碎且没有及时处理的话甚至会导致中毒！"

有害垃圾

"小红呀，你听我说，我跟他们可不一样！"
精美的指甲油行了个屈膝礼，"我是女士们最喜欢
的礼物啦！你看看，我全身都在闪闪发光哪！"

　　"不对！"小红往后退了一步，慢慢地张开了盖子，"指甲油气味刺鼻，里面包含了许多有害物质，这些物质一旦释放到空气里就会让人头痛，随意丢弃还会污染自然环境。"

"小红小红，我跟他们才真正不一样！"一只油漆桶可怜兮兮地站在不远处，"你是看到的，我用肚子里的油漆把人类的房子粉刷得漂漂亮亮。所以……我们不都是人类的好朋友吗？"

有害垃圾

"是的，油漆桶先生，"小红的声音轻柔起来，"可您知道吗？您身体里盛放的油漆含有多种有害物质，让您随意待在外面会给环境造成巨大的伤害。这个地球可不仅仅是人类的地球呀，也是你和我的地球，我们不应该好好爱护它吗？"

"啊，又是忙碌的一天呢！"小红擦了擦头上的汗，深深地吸了口空气。

有害垃圾

"叽咕——叽咕——"一阵奇怪的声音响了起来。

"哼，小红，你以为你打败我们了吗？"小红的肚子在说话，"要知道我们有害垃圾可不是这么好对付的！"

　　"没有正确处理好我们也是很危险的哦！"有害垃圾们说着干脆唱起歌来。

　　"有害垃圾，有害垃圾，要注意！要注意！不仅污染环境，还会危害身体，真可怕！真可怕！"

有害垃圾

"嘟嘟——"垃圾车叔叔行驶了过来，"辛苦啦！小红！"

"呀，今天的战斗成果挺丰富呀！"垃圾车叔叔举起了小红，将张牙舞爪的有害垃圾们都倒在了专门的"房间"里。

"等等——"就在垃圾车叔叔要开走的时候，小红拉住了他，"您会好好处理这些家伙的吧？"

"放心吧！"
垃圾车叔叔笑眯眯
地说道，"这些有
害垃圾都会得到妥
善处理的！"

24

这些有害垃圾会被送往危险废物处理机构进行特殊处理。对有机物含量大的，如化妆品的包装物、油漆、废旧药品之类的垃圾，我们会通过高温焚烧进行无害化及减量化处理，焚烧后的飞灰及残渣会再次进行固化填埋，焚烧的气体也会等净化后再进行排放。对重金属含量大的，比如废电池、血压计、温度计等，我们会把它们和水泥、沙子搅拌，凝固形成固化块，分区分类别地在填埋场进行填埋。

　　"这下放心啦？"垃圾车叔叔笑着和小红道别，
"所以，明天也请加油哦！"
　　"嗯嗯！"小红点了点头，"一起加油呀！"